Sergio Ragaini

Un nuovo modo di vedere la Realtà: Dall'Infinito al Finito e ancora all'Infinito

Ovvero: partire dall'infinito, per tornare al finito e, da lì, volare ancora verso l'infinito, scoprendo che è da sempre in noi.

Contenuto:

Parte Prima: estratto della Conferenza "Nuove prospettive sul Reale" tenuta il 10 ottobre 2015 presso la Società Teosofica, sede di Milano.
Pag. 3

Parte Seconda: Trattazioni Matematiche.
Pag. 13

© 2015, Sergio Ragaini
ISBN: 978-1-326-48570-2

Introduzione:

Un lavoro che parte da una conferenza da me tenuta il 10 ottobre 2015 presso la sede di Milano della Società Teosofica.
Si tratta di un gruppo di studio di livello sicuramente alto, dove il tema è la ricerca spirituale. Una ricerca che viene portata avanti senza confessioni specifiche religiose, ma con una visione ampia e globale delle cose.
Proprio per questo, e per la preparazione culturale del pubblico, ci si può sbilanciare a proporre qualcosa di particolare.
Come la conferenza da me proposta, della quale seguirà un estratto. Il tema parte dalle prospettive sul reale. Partendo, quindi dalla prospettiva, e dalla sua definizione, il discorso passa all'Infinito, a cosa è e a come è fatto. Per lavorare in particolare sulla percezione dell'infinito, questa struttura che la mente non afferra, ma che la matematica riesce addirittura a modellizzare, costruendo non solo il modo per confrontare gli infiniti, ma anche il modo per poterli definire in maniera finita, costruendo delle successioni infinite che convergono ad elementi finiti.
Nella conferenza sono stati presi in esame elementi come il Paradosso di Zenone, della quale è stata data una lettura più "matematica", mostrandolo come un modo di pensare "approssimato", che in qualche modo si affianca a quello invece "esatto". Entrambi questi processi mentali sono funzionali, e talvolta si possono considerare simultaneamente, mentre altre volte si è può lavorare soltanto in maniera approssimata. I metodi approssimati hanno assunto una notevole importanza in questi ultimi anni, grazie all'informatica, dove una macchina non può ovviamente pensare nel continuo (significherebbe farle compiere un numero infinito di operazioni, cosa impossibile), e dove i metodi cosiddetti "iterativi" sono fondamentali per approssimare a piacimento un qualcosa, senza però mai darne la soluzione esatta.
Nella seconda parte ci si occuperà invece di elementi più matematici. Nella conferenza sono stati introdotti molti elementi, che per ovvi motivi non hanno potuto essere spiegati accuratamente.
Nella seconda parte ci si occuperà proprio di questo: cercare una formulazione matematica, quindi più oggettiva, di qualcosa che altrimenti sarebbe solo accennato.
Per i non addetti ai lavori alcuni argomenti tra quelli proposti, quali l'ultimo relativo al "Cerchio Vuoto", potrebbero essere di difficile affronto. Tuttavia, credo che questa parte sia importante, anche per far comprendere

come il linguaggio matematico possa davvero avvicinarsi molto alla spiritualità, nella sua capacità di definire strutture in maniera astratta e oggettiva, in maniera da non offrire possibilità di equivoci, ma solo di altre eventuali dimostrazioni contrarie.

Credo quindi che la seconda parte sia importante per dare davvero la prospettiva di come la matematica possa essere un linguaggio "spirituale" di grande profondità espressiva. E come possa aiutare a comprendere molto di noi.

Buona lettura, e buon viaggio in mondi di conoscenza che, per alcuni, saranno forse nuovi, ma credo che possano essere stimolanti ed offrire molte possibilità di riflessione e approfondimento, e far nascere l'entusiasmo della scoperta e della ricerca.

Parte Prima:

"Nuove prospettive sul Reale"

Estratto della conferenza da me tenuta presso la Società Teosofica, sede di Milano, il 10 ottobre 2015.

Quando si parla di "nuove prospettive" è bello partire proprio dall'elemento linguistico da cui questa parola nasce: la prospettiva.
In un quadro abbiamo la prospettiva, e di fatto l'abbiamo in ogni immagine fotografica. Ma cosa è la prospettiva? È quella cosa che fornisce la percezione tridimensionale di qualcosa che è bidimensionale.
Sino al medioevo, i quadri bidimensionali erano bidimensionali e basta. Nel Rinascimento, in particolare con Brunelleschi, la prospettiva ha assunto un valore sempre maggiore nella realtà.
Anche per misurare gli oggetti, dove la misurazione diretta non era possibile.
La parola "prospettiva" in effetti, vuol dire "Che assicura la vista". La Prospettiva, quindi, è qualcosa creata dall'uomo per assicurare una nuova visione delle cose. Assicurare la vista, in questo caso, significa aumentare la dimensione, e percepire qualcosa che è fuori dalla vista stessa.
Qui potrebbe nascere in discorso di cosa è la vista. La vista è qualcosa che è legata alla semplice percezione visiva, o qualcosa, come invece si può credere, che ci permette anche una "visione" dentro di noi? Da come è descritta la prospettiva, parrebbe proprio una visione interiore, che poi si proietta e si traduce in visione esteriore.
In termini più tecnici, la prospettiva è qualcosa che permette di "vedere" quello che in realtà non c'è, di creare una realtà percepita, che però non è quella che appare.
Se noi osserviamo un'immagine in prospettiva, la vediamo come tridimensionale. Vediamo, quindi, come se ci fosse una profondità. In realtà, l'immagine è bidimensionale. La prospettiva, per così dire, "aggiunge" una dimensione alla realtà. Quindi "assicura" una vista differente.
Se noi osserviamo uno schermo spento, questo è bidimensionale, come un foglio. Poi vengono proiettate delle immagini, o passano dei filmati, e di colpo tutto diviene tridimensionale. Anche una tela non dipinta è

bidimensionale, ma con la prospettiva diviene tridimensionale.
Questo è un modo per dire che, attraverso la prospettiva, la mente "crea", di fatto, la realtà. Attraverso la prospettiva la mente può creare cose che non ci sono fisicamente, ma che ci sono nella sua realtà interiore.
La prospettiva, quindi, aggiunge realtà, attraverso regole ben precise.
Ma cosa caratterizza la prospettiva, questa particolare "generazione di realtà"? Semplice: il Punto di Fuga! Il punto di fuga è quel punto da cui tutto, virtualmente, si genera. In una prospettiva, tutto va, ma anche tutto viene, da quel punto di fuga. Che appare come il punto da cui tutto origina.
Forse è questa l'immagine di Dio che mi sono fatta: un'immagine di un qualcosa che è emanatore di tutto. E l'emanazione avviene come in una prospettiva.
Se noi osserviamo il punto di fuga di una struttura prospettica, infatti, da questa struttura tutto appare emanato.
Come dicevo, se consideriamo invece una struttura tridimensionale, possiamo immaginare una prospettiva in questa struttura, che crei l'effetto di quarta dimensione. In quel caso, la quarta dimensione diviene l'emanatore di uno spazio a 3 dimensioni.
Se consideriamo che per la fisica moderna questo spazio ha 26 dimensioni, come affermato da Polyakov, la prospettiva ci porterebbe in uno spazio a 27 dimensioni.
Quindi, la dimensione in più è un'emanatrice di spazio, di qualcosa che esula dalla nostra percezione limitata. E' un qualcosa che genera spazio e tempo, che, in qualche modo, porta la realtà ad una prospettiva completamente differente.
Per poter, comunque, generare uno spazio infinito, almeno per quello che possiamo pensare, occorre un punto di fuga all'infinito. Secondo la fisica moderna, muovendoci noi in uno spazio multidimensionale, questo punto potrebbe virtualmente, come dicevo, portarci in una dimensione n + 1 esima.
Ora possiamo cominciare a spostare il nostro discorso su un altro tema, che è comunque interessante, nella sua complessità e inafferrabilità: l'infinito. Se tutto è generato da un punto all'infinito, sarà interessante vedere di cosa si tratta, cosa è questo "punto all'infinito" da cui tutto si emana.
L'infinito è qualcosa che non può essere capito. Un bell'esempio era dato, riguardo al suono, da Roman Gireylo, allievo di Arkadij Petrov, il quale appartiene alla quella Scuola Russa, che, con Grabovoij, va a portare il

tentativo di "ricostruzioni numeriche" di qualcosa partendo da basi strettamente matematiche.
Veniva data questa definizione: supponiamo di registrare qualcosa, magari proprio una conferenza. E poi di accelerarla. Otteniamo un sibilo. Se poi acceleriamo ancora di più, otteniamo il silenzio.
Un altro esempio interessante può essere fatto con altre frequenze: se noi acceleriamo il più possibile una frequenza, otteniamo qualcosa di sempre più evanescente. Poi, al limite, otteniamo il vuoto.
Forse, in questo, abbiamo raggiunto la vacuità di cui parla lo stesso Buddhismo. La vacuità, quindi, non è assenza di qualcosa, ma presenza di infinite forme tutte concentrate in un solo punto. Così come l'energia oscura è quell'energia, forse, che contiene tutto in un solo punto.
Allo stesso modo, così come lo stesso Gireylo ricordava, il silenzio non è assenza di suono, ma presenza di molti suoni concentrati in un istante infinitesimo.
La realtà, a questo punto, potrebbe essere data dal rallentamento dell'infinito.
Il problema è che l'infinito, se si rallenta, è ancora infinito. Infatti, dividendo l'infinito per qualsiasi cosa, o sottraendo all'infinito un numero finito, si ottiene ancora un infinito. L'infinito, quindi, è qualcosa che non è commensurabile a nessun oggetto finito: rispetto all'infinito, tutto è sempre fermo, e rispetto all'infinito non c'è possibilità di avvicinamento: in qualunque modo ci avviciniamo all'infinito, ne siamo sempre infinitamente lontani.
Ma, se è vero che l'infinito è qualcosa che non possiamo toccare, ne siamo circondati. Ogni volta che definiamo un "comportamento limite" di qualcosa, tocchiamo l'infinito. Il passaggio all'infinito avviene in noi anche in maniera spontanea, soltanto, non ce ne accorgiamo.
È proprio questo "passaggio all'infinito", ma nello stesso tempo l'impossibilità di afferrarlo, che rende verosimili determinati modelli, quali quelli di marketing piramidale. Verosimili, come dicevo, ma decisamente non veri. Ma questo discorso ci porterebbe davvero troppo lontano. Mi riservo di riproporlo in un altro intervento.
Torneremo a breve anche sul tema dell'infinito tra noi, l'infinito che ci circonda.
Come dicevo prima, la realtà è data dalla proiezione di un infinito, dalla riduzione dell'infinito nel finito. Portare l'infinito nel finito non è così impossibile: un semplice passaggio matematico ci consente di portare una

retta in un segmento piccolo a piacere, e tutto uno spazio tridimensionale in un cubetto arbitrariamente piccolo. Chi fosse interessato al "semplice passaggio matematico" di cui parlavo poco fa, lo può trovare nella Sezione 1 della Seconda Parte di questo lavoro, a pag. 15. Il modello proposto non è particolarmente impegnativo e gli elementi di matematica richiesti non sono particolarmente elevati.

Quanto definito poco fa, tuttavia, anche se non dimostrato matematicamente (almeno in questa sezione), ci dice che un cubetto di fatto "contiene" tutto l'universo, che l'infinito è entrato nel finito. O meglio, che anche una cosa limitata contiene l'infinito.

Tutto questo ci permette, quindi, di dedurre una cosa importantissima: il fatto che l'infinito è racchiuso in tutte le cose. Un segmento contiene infiniti punti, e tra due punti arbitrariamente vicini ce ne sono ancora infiniti. Lo stesso concetto di "insieme continuo" presuppone che ci sia un infinito. Infatti, un computer non è in grado di pensare nel continuo. Per poter elaborare una curva, elabora una spezzata con punti molto ravvicinati, in maniera tale che venga da noi percepita come una curva. Ma si tratta di una spezzata.

Già il fatto di definire una "linea continua" significa definire un infinito. L'infinito è anche in queste piccole grandi cose. Tutto attorno a noi lo contiene.

Ma parlare di infinito significa anche parlare di infinitesimo. In fondo, viene detto che "l' infinitamente grande" e "L'infinitamente piccolo" sono quasi sinonimi. Passare da un infinito a un infinitesimo è molto facile: basta utilizzare l'operatore di reciproco. Questo operatore matematico è molto semplice: consta, dato un numero x, nel considerare il numero $1/x$. Noi vediamo molto bene, in questo caso, che il reciproco di un numero molto piccolo è un numero molto grande, e viceversa.

Il reciproco di un numero che cresce sempre di più, quindi, è un numero che diviene sempre più piccolo. Di conseguenza, il reciproco di un infinito è un infinitesimo.

Il concetto di infinitesimo, l'infinitamente piccolo, è quindi strettamente legato a quello di infinitamente grande. Non a caso, per capire l'universo, si studiano le particelle elementari. Per conoscere una cosa che diviene sempre più grande, basta conoscerne una che diviene sempre più piccola. Addirittura, per poter conoscere l'universo attorno a noi, basta conoscere noi stessi. Il modello visto prima mette perfettamente in relazione la realtà interiore con quella esteriore, e le pone sullo stesso piano: un cubetto

contiene tutto l'universo, e questo non è più illusione, ma matematica. La matematica, quindi, anche in questo caso permette di controllare cose che in altro modo non si controllerebbero. O, almeno, permette di definirle.
Un altro passo avanti ci permetterà di capire meglio quello di cui stiamo parlando.
Parlando di infinitesimo, quindi, abbiamo visto che, man mano che un numero cresce, il suo reciproco diviene sempre più piccolo. E viceversa. Quindi, il reciproco di qualcosa che diviene molto piccolo diviene molto grande. Di conseguenza, cosa succede quando tentiamo di raggiungere l'infinito? Semplice, abbiamo una frazione il cui denominatore vale zero.
L'infinito, da un punto di vista matematico, equivale a scrivere $1/0$, dove però, al posto di 1 possiamo sostituire qualsiasi altro numero, anche grande quanto vogliamo: dividendo per zero, si ottiene sempre un infinito.
Tuttavia, se utilizziamo una calcolatrice per eseguire una divisione per zero, questa ci ritorna un messaggio di errore. L'infinito non è compreso, e comprensibile, da nessuna macchina.
Eppure, come dicevo, l'infinito è in mezzo a noi. Noi, in ogni istante, eseguiamo un "passaggio al limite". Basta salire in macchina, e controllare il contachilometri dell'auto, per capire che abbiamo a che fare con un infinito. O con un infinitesimo.
Infatti, cosa è una velocità: è uno spazio diviso un tempo. Un rapporto, quindi! Man mano che consideriamo intervalli di tempo sempre più piccoli, consideriamo velocità sempre più vicine a quelle dell'istante in cui ci muoviamo. Al limite, quindi, otteniamo la velocità proprio in quell'istante. Che è quella che il contachilometri della macchina riporta.
Il "passaggio al limite", una "posizione limite" di qualcosa, ci pone davanti un infinito, o, reciprocamente, un infinitesimo.
Anche strutture come la tangente ad una retta sono infiniti: si tratta di posizioni limite di una secante. Lo stesso parallelismo tra rette è dato da un infinito: in fondo, è una posizione limite di due rette incidenti. E non a caso, nella "Geometria Proiettiva" due rette parallele si incontrano in quello che viene definito "punto all'infinito". Per poterlo definire, comunque, occorre aggiungere una coordinata. Quindi torniamo ancora al discorso fatto all'inizio sulla prospettiva: l'infinito aggiunge, di fatto, una coordinata al nostro sistema di riferimento. Lo si può scrivere, ma occorre uscire dal nostro modo canonico di pensare e vedere le cose. In tal modo, l'infinito sarà davanti a noi, e sarà anche in noi. In fondo, come detto prima, tutto quello che noi possiamo vedere è infinito, e noi siamo immersi

in questo infinito. Per chi fosse interessato ad una più dettagliata trattazione matematica dell'argomento, questa verrà effettuata nella seconda parte, nella Sezione 2, a pagina 17.
È però interessante ritornare a quanto abbiamo dedotto prima sull'infinito, per una riflessione di tipo spirituale. Un infinito equivale a porre 0 al denominatore di una frazione. Se al denominatore poniamo un tempo, come nel caso di una velocità, cosa si deduce da questo rapporto? Semplice: che l'infinito corrisponde a porre 0 al valore di un tempo. Significa quindi, in parole povere, che stiamo fermando il tempo, cristallizzando l'attimo presente. Significa che, per toccare l'infinito occorre cogliere l'attimo, percependolo come tale.
Questo, però, è impossibile: infatti, basta che pronunciamo la parola "presente" per essere già nel futuro. Basta che, per un istante, tocchiamo il presente, e questo diviene divenire. Fissare il presente, cristallizzare l'attimo, equivale a toccare l'infinito. Forse l'eternità, come diceva anche S. Agostino, non è un continuo divenire, ma un eterno presente: se fermiamo il tempo, abbiamo raggiunto l'infinito. Essendo la mente piena di attimi cristallizzati, di immagini fissate in noi, possiamo forse dire, ancora una volta, che l'infinito è dentro di noi, e che solo non lo percepiamo. In fondo, come dicevo, prendendo in mano qualsiasi oggetto abbiamo un infinito, perché lì c'è l'intero universo!
Ma l'infinito ci apre anche altre prospettive: lo si incontra, infatti, in tutti i ragionamenti ricorsivi che vengono fatti. Quando si parla, ad esempio, di "dimostrazione per induzione", l'infinito è lì, e si ripresenta davanti a noi. Qualsiasi ragionamento ricorsivo ci porta all'infinito. Infatti, in teoria, potrebbe non avere fine. Tuttavia ci permette di arrivare il più vicino possibile al risultato che noi vogliamo raggiungere. Senza mai ottenerlo, ma decidendo noi di quanto vogliamo avvicinarci.
Il discorso legato al "ragionamento ricorsivo" è, in un certo senso, presentato da Zenone, della Scuola Eleatica, con il suo esempio della freccia che non raggiunge mai l'albero. La dimostrazione è molto semplice: se noi lanciamo una freccia verso un albero, questo, per raggiungere la distanza tra l'arco e l'albero, dovrà passare dalla metà. Poi ancora dalla metà della distanza rimanente. Poi ancora dalla metà. Insomma: si avvicinerà sempre di più all'albero, ma non lo raggiungerà mai.
Zenone deduceva da questo che l'albero, in realtà, non viene mai raggiunto, e che il fatto che la freccia lo raggiunga è solo un'illusione dei

sensi. Ribaltando il ragionamento, possiamo anche dedurre che la freccia, in realtà, non si muoverà mai dall'albero. Infatti, una volta che la freccia viene scagliata dall'arco, per raggiunge l'albero deve passare dalla metà. Consideriamo stavolta la metà più vicina all'arco: per poterla raggiungere occorre passare ancora dalla metà. E ancora dalla metà nuovamente. Quindi, abbiamo ottenuto il fatto che non ci si muove mai.
Quello che Zenone deduce, quindi, è che tutta la realtà è ferma, fissata, e che qualsiasi movimento è solo illusione dei sensi. Viviamo, quindi, secondo Zenone e la Scuola Eleatica, di cui facevano parte anche Senofane e Parmenide, un una realtà immutabile, dove il mutamento è solo un'illusione.
In realtà, Zenone, come gli Eleati, aveva dato la definizione di infinito: quel punto rispetto al quale tutto è immutabile. Rispetto all'infinito, infatti, tutto non cambia. Come detto, prima rispetto all'infinito tutto è fermo.
E, come dicevo poc'anzi, l'infinito è proprio un "fermare il tempo", un penetrare l'attimo, che così facendo ci fa toccare l'infinito.
Il discorso di Zenone ha quindi un altissimo valore spirituale, visto sotto questo punto di vista. È proprio un toccare l'infinito, porsi nell'ottica dell'infinito, rispetto alla quale tutto è fermo e immobile. Quindi, il discorso di Zenone non è: "Tutto è immutabile, e la nostra percezione di movimento è un'illusione", ma piuttosto: "Tutto è immutabile se ci poniamo nell'ottica dell'infinito, e rispetto a quest'ottica tutta la realtà è di fatto illusoria".
Tuttavia, il Paradosso di Zenone ci permette di approcciare diversi elementi molto interessanti da un punto di vista dell'ottica di pensiero. Il suo "ragionamento all'infinito", la sua idea di "avvicinarsi senza mai raggiungere qualcosa" ci pone molto bene il discorso di un ragionamento ricorsivo, e se vogliamo di approssimazione.
Tutta la logica dell'approssimazione, infatti, funziona proprio in questo modo. Per approssimare un valore, infatti, noi consideriamo qualcosa che "tende" a quel valore stesso, ma che di fatto non viene mai raggiunto.
Se si desidera avere qualche elemento matematico in più sul Paradosso di Zenone si può vedere la Sezione 3 della Seconda Parte, a pag. 19.
La cosa interessante della logica approssimativa, come dicevo poco fa, è il fatto che noi possiamo avvicinarci sempre di più ad un oggetto senza mai raggiungerlo, ma tuttavia possiamo approssimarlo quanto vogliamo, senza però ottenere mai il valore esatto.
In termini matematici la logica di approssimazione è fondamentale. Infatti,

non è possibile calcolare con assoluta precisione la soluzione di un'equazione di grado superiore a 3. quindi la si può solo approssimare. I metodi di approssimazione che vengono posti permettono di approssimarla quanto si vuole, ma non di raggiungere, in generale, la soluzione esatta.
Questo procedimento logico matematico è molto interessante: approssimare una cosa quanto si vuole senza mai raggiungerla.
Nell'infinito non capita così: l'infinito non può essere "approssimato" in alcun modo. Ne siamo sempre infinitamente lontani.
Il Paradosso di Zenone, in fondo, ci pone un discorso di logica di approssimazione. Infatti, si tratta di un qualcosa che approssima un elemento attraverso una successione infinita di elementi.
Zenone aveva dedotto che questo elemento non esisteva (la fine del percorso). Invece, questo elemento era ben presente. La logica di approssimazione, infatti, non va verso cose che non ci sono,m ma cose che ci sono.
Se, ad esempio, cerchiamo di calcolare le soluzioni di un'equazione che non ha soluzioni calcolabili elementarmente, ad esempio $2^x - 3 = x$, questa soluzione c'è, è ben presente e ben visibile. Tuttavia, noi non possiamo calcolarla elementarmente, ma solo approssimarla. Quanto vogliamo, ma solo approssimarla. Eppure quella c'è.
In alcuni casi, metodi approssimativi e metodi di calcolo diretto possono coesistere. Possiamo, ad esempio, scrivere il numero 1/3 come 0,33333333.... Si tratta di un numero periodico, vale a dire di un numero che presenta dei numeri che si ripetono all'infinito (ancora, torna l'infinito!). Noi possiamo approssimare questo numero sin quanto vogliamo, introducendo tutti i decimali che vogliamo. Senza, però, raggiungerne mai il valore esatto. Oppure possiamo determinare con esattezza il valore 1/3. questo si determina facilmente anche con riga e compasso. Quindi, abbiamo simultaneamente i procedimenti ricorsivi e quelli esatti, in alcuni casi, quelli approssimativi e quelli che forniscono il valore esatto per quello che è.
In altri casi, invece, solo il valore approssimato è possibile. È il caso dei numeri irrazionali, che non possono essere scritti esattamente. Un esempio è la radice di 2, che si può scrivere anche come $2^{1/2}$. Questo numero non presenta alcun periodo, ed è costituito da una serie di decimali che si ripetono senza sequenze ben precise. Tuttavia, può essere approssimato in maniera indefinita attraverso numeri razionali. Quindi, possiamo avvicinarci il più possibile al valore esatto, senza mai

raggiungerlo.
Il Paradosso di Zenone, in fondo, esprime questo: un qualcosa di finito è raggiungibile mediante una successione di valori infiniti. Anche il numero 0 può essere visto come una successione: quella, ad esempio, di $1/n$, man mano che n cresce sempre di più.
In fondo, il Paradosso di Zenone lo si ritrova in molte posizioni limite che, a livello matematico, si incontrano nella nostra quotidianità. Una tangente ad una retta si può vedere come "posizione limite" di una secante, ad esempio, il parallelismo tra due rette è una posizione limite di due rette incidenti, dove il punto di incidenza si sposta sempre più in là. Ancora, l'iperbole $1/x$, man mano che x cresce, tende a 0. Quindi, anche qui, lo 0 si può vedere come una tendenza all'infinito. Che però porta verso un infinitesimo.
Un infinito che porta verso un infinitesimo: man mano che il numero dei passi di interazione cresce, in un'approssimazione ricorsiva, la distanza dalla soluzione corretta decresce. Sono a diventare nulla quanto il numero dei passi sarà infinito. Non ci si arriverà mai, ma comunque si raggiungeranno valori sempre più vicini a questo valore possibile, o impossibile.
In fondo, l'infinitesimo è il modo con cui si percepisce l'infinito. E attraverso l'avvicinarsi all'infinito ad una cosa, tocchiamo l'infinito che è nascosto dietro questo elemento.
Il passaggio al limite è un meccanismo mentale molto diffuso. Ci permette non solo di approssimare ma, tra i miracoli dl Calcolo Infinitesimale, di trovare un valore esatto attraverso un passaggio al limite. La tangente ad una curva è un valore esatto, ma è una posizione limite di una secante. La velocità istantanea può essere calcolata in maniera esatta, ma è il valore limite di una velocità media.
Anche un integrale, operatore matematico che fornisce un'area, è il valore limite di una sommatoria. Il calcolo infinitesimale apre prospettive impensabili per la mente, permettendo dei valori esatti, e non più solo approssimati, di determinate strutture.
Tuttavia, qualsiasi successione convergente, parlando in termini matematici, è un qualcosa che tende ad un valore attraverso una successione infinita di elementi. Una successione infinita di valori che tende ad un valore finito, perfettamente tangibile e comprensibile. L'idea stessa di approssimare l'infinito con il finito è grandiosa. Permette, di fatto, di toccare l'infinito.

Possiamo concludere, per il momento, questa riflessione, ponendo l'idea di esponenziale. Una successione esponenziale è qualcosa di particolarissimo. Infatti, non ha centro, ma molti centri, come dicevo. Qui ogni elemento riceve e trasmette simultaneamente un impulso, passando da oggetto a sorgente di impulso stesso. Le successioni esponenziali sono bellissime anche per il fatto che la mente non le controlla. Proprio questo fatto può dare origine ad illusione, ed a sistemi illusori, che la mente percepisce come perfettamente reali.
Ma su questo non mi dilungo, e lascio questa discussione ad un divenire prossimo venturo. Per chi fosse interessato ad una trattazione matematica più dettagliata, questa si trova nella Sezione 4 della Seconda Parte, a pag. 20, dove si mostrerà il "Paradosso del Chicco di riso", inquadrandolo in un discorso matematico. E' richiesta una minima dimestichezza sull'uso delle serie geometriche.
L'infinito, tuttavia, è una porta d'accesso importante ad altri mondi percettivi. Attraverso l'infinito si percepiscono realtà possibili, e si sperimentano nuovi modi di pensare e conoscere la realtà. Anche laddove questi non sono percepibili.
L'informatica, oggi, ha reso i metodi approssimativi molto utilizzati. Impossibile, infatti, che un computer riesca a fare un numero infinito di operazioni. Quindi, ogni volta che il computer deve disegnare una curva, la approssima con una spezzata. Talmente ravvicinata che a noi appare qualcosa di estremamente tangibile. Tuttavia non lo è. La possibilità di avvicinarsi sempre di più non significa che quello che si ottiene sia esatto: è comunque un'approssimazione, anche se molto verosimile.
Come dicevo, quello che manda subito all'infinito, il vero moltiplicatore, è l'esponenziale. Un moltiplicatore che illude, che confonde. Infatti, una progressione geometrica, che cresce quindi in maniera esponenziale, "parte", per così dire, da valori anche bassi, ma che crescono molto rapidamente. Talmente rapidamente che la mente, dopo un po', non li controlla più. Sui valori esponenziali vi sono, infatti, noti paradossi quali quelli del "chicco di riso". Ma su questo non mi dilungo, anche perché richiederebbe, da solo, un'intera conferenza. Rimanderò questa trattazione al divenire.
L'infinito ci porta in pieno, credo, in quelli che sono i processi di astrazione della nostra mente.
L'infinito è astrazione, ma è anche molto visibile nella realtà del quotidiano, come abbiamo visto.

Ci si potrebbe chiedere anche "cosa è davvero la realtà"? In fondo, potrebbe essere relativa alle nostre percezioni. Anche se, poco fa, abbiamo facilmente dimostrato che il Paradosso di Zenone non esprime il fatto che le cose sono illusioni sensoriali, ma piuttosto il fatto che un ragionamento ricorsivo approssima una cosa in maniera indefinita. Che una cosa può essere vista simultaneamente come qualcosa di definito o come una successione di elementi che tende a quel qualcosa.

Tuttavia, tutte le idee potrebbero essere viste in questo modo: come successioni che in qualche modo tendono alla perfezione dell'idea stessa, senza mai raggiungerla.

In fondo, il passaggio dalla forma all'idea non è così differente: da forme imperfette si astrae un'idea perfetta. In fondo, gli stessi concetti matematici contengono infiniti e infinitesimi, ma noi, per rappresentarli, non possiamo fare altro che considerarli in maniera finita. Per Euclide, un punto è "ciò che non ha parte", mentre, anche se la nostra matita è poco spessa, quando lo disegniamo la parte c'è. Una retta è infinita, ma noi ne rappresentiamo soltanto una parte, una porzione finita sul nostro foglio. Ma la retta è un qualcosa di globale, di esteso, di "infinito", appunto.

In fondo, forse, anche la nostra mente pensa nel discreto. Ma l'illusione del pensare continuo è data dal numero di connessioni tra i neuroni, che rendono il pensiero "esponenziale". Quindi, proprio per questo, tutto appare come continuo. In realtà, tutto è discreto. Come dicevo, però, il numero di connessioni tra i neuroni è altissimo: ogni neurone ha sino a 100.000 sinapsi, quindi possiamo facilmente immaginare come salga rapidamente questa progressione di collegamenti e di impulsi!

Ma cosa accade nel Mondo Spirituale? Qui tutto appare continuo, ma probabilmente tutto procede "a salti". Infatti, quando ci troviamo ad un certo livello di energia, si salta verso un altro livello. Anche nella Fisica, ad esempio, gli elettroni, quando hanno raggiunto un livello sufficiente di energia, saltano ad un altro livello. Quindi, la Meccanica Quantistica appare una struttura discreta e non continua. Nella Meccanica Quantistica l'infinito diviene finito.

In fondo, come dicevo prima, inscatolando l'infinito lo rendiamo finito. E allora abbiamo quel modello di vibrazione infinita che diviene finita in un istante. Quel modello che porta dall'infinito al finito in un momento, pur mantenendo al suo interno l'infinito.

E questa è la bellezza di questo modello: un infinito che diviene finito. Anche se, poi, ci si muove in uno spazio ad infinite dimensioni. Anche il

fatto che un sistema di particelle possa avere solo dei livelli finiti di energia, detti "quanti di energia", che l'energia viaggi a "pacchetti", come dimostrato da Planck nel 1900, è affascinante. Vi sono, quindo, solo determinati stati raggiungibili, mentre gli altri appaiono come "non permessi".
Sempre più, quindi, stiamo andando verso un modello in cui non c'è una crescita continua, ma una crescita "a salti". Vale a dire che il salto avviene quando si è accumulato un livello sufficiente di energia.
In fondo, lo stesso Effetto Fotoelettrico, come lo aveva descritto Einstein nel 1905, e poi Millikan nel 1914 e Compton nel 1922 (questo si dice "effetto Compton") dimostrano che il lusso di elettroni avviene al di là di una certa frequenza detta "di soglia". Ed è immediato.
Siamo quindi di fronte ad un modello di realtà, per così dire, "stratificato", e non un modello continuo. Una realtà che, di conseguenza, appare sempre più "a strati", piuttosto che variabile con continuità.
In fondo, però, i modelli a strati sono molto diffusi, anche in natura, e quindi si fornisce un qualcosa che appare quella che è la natura stessa delle cose.
Un mondo, quindi, una realtà "discreta", dove quindi il modello informatico diviene sempre più il modello della nostra mente, quello con cui noi stessi lavoriamo.
Comunque, tornando al discorso dell'infinito, una delle intuizioni che mi era venuta tempo fa era "una forma all'infinito genera un'essenza". È come dire che l'essenza delle cose è nel loro infinito.
Forse, quindi, quello che viene definito "reale astratto" è proprio quella componente all'infinito del reale stesso.
Infatti, il reale astratto, in qualche modo, "fissa" l'attimo delle cose stesse, le cristallizza, fermando il tempo. La forma è dinamica, mentre l'essenza è, in un certo senso, "statica". L'essenza non muta.
Lo stesso Zenone, come gli Eleati, parlando dell'essenza delle cose, parlava di qualcosa che rimane fissato in quell'istante, di una realtà immutabile.
Lo stesso Platone, nel suo modo di vedere le cose, nel suo modo di pensare il reale, vedeva l'essenza delle cose in un ipotetico "Iperuranio", il Mondo delle Idee. Qui vi erano le essenze delle cose, di cui le forme erano solo modelli imperfetti di strutture perfette e immutabili.
Delle essenze, quindi, in cui il tempo rimaneva davvero cristallizzato.
Essenze che non hanno misura né struttura fissata, ma sono semplicemente

essenze.
Questo discorso, però, ci permette di fare un piccolo passo verso un'ulteriore estensione di questo concetto. Se l'astrazione, in fondo, è la proiezione all'infinito delle cose, il tempo, comunque, continua ad esserci. Semplicemente, quando abbiamo definito delle idee, abbiamo definito una realtà differente da quella che è. Abbiamo definito, in sostanza, un modello che, dal particolare, da molte forme, astrae un'idea più o meno universale. Ma il processo astrattivo può proseguire ulteriormente: nel senso che possiamo definire degli elementi che non appartengono alla forma stessa, ma che esulano dalla forma.
L'astrazione verso l'ideale, quindi, può portarci verso degli elementi che sono al di fuori dell'intuizione figurativa, e ci rimandano alla pura astrazione.
In termini matematici, il 900 è stato il periodo decisivo, da questo punto di vista. Anche se il processo di cambiamento è iniziato in precedenza, con Lobacevskij, che il 23 febbraio del 1826 pubblicò, sul Bollettino Scientifico dell'Università di Kazan, uno studio sulle geometrie non Euclidee, negando il postulato della parallela (vale a dire quel postulato tale per cui, data una retta e un punto fuori da essa, per quel punto passa una e una sola parallela alla retta data). Ma prima di lui era arrivato Lambert, che nel 1786, 50 anni prima, si era occupato del problema con "Die Theorie Der Parallellinien".
Il crollo di qualcosa che appare evidente, come il fatto che una parallela da un punto esterno ad una retta sia unico, ha dato origine ad un sistema assiomatico completamente differente. Nel quale, nel cammino a ritroso dagli assiomi ai teoremi, ci si ferma quando vogliamo noi.
In tal modo, anche i concetti matematici diventano, come si sono definiti, "vuoti di significato". Cosa si intende con questo? Si intende che, se in passato, quando si parlava, ad esempio, di "cerchio", tutti avevano un modello di quello di cui si parlava, ora, quando si parla di cerchio, si parla di un qualcosa di completamente astratto: è una pura definizione. Ma tale per cui qualsiasi oggetto che la verifichi è un cerchio. Un ente matematico diviene quindi uno "schema logico" di cui qualsiasi elemento che lo soddisfa diviene un modello. D conseguenza, oggi, se parliamo di "cerchio", di fatto non definiamo nulla, ma soltanto un concetto, una definizione. Nella mente di ognuno potrebbe apparire una forma differente, o nulla addirittura.
Non a caso, nella scuola francese, il cosiddetto "Gruppo Bourbaki", aveva

proposto un modello a cui, alle figure, si sostituivano le strutture lineari, di quel sistema matematico detto "Algebra Lineare". Un modello in cui lo scopo era che ci si svincolasse dalla rappresentazione figurativa, e dove ogni concetto venisse rappresentato soltanto da un'idea astratta. Ma che, nello stesso tempo, poteva generare infinite rappresentazioni di quel concetto, date da tutti quegli elementi che verificavano quella definizione. Quindi, da una realtà vuota si passava ad una realtà "piena di tutto". E questo concetto avvicina molto a quello di "Vacuità" del Mondo Buddhista, dove tutto è "vuoto di un sé separato" ma, nello stesso tempo, è "pieno di tutto l'Universo".
Per coloro che fossero interessati ad una trattazione più matematica dell'argomento, la troveranno alla Sezione 5 della Seconda Parte, a pag. 22, dove si parla di "Un cerchio vuoto di significato". Per la comprensione di quanto esposto, occorre qualche elemento matematico sulle serie e su alcune notazioni legate al linguaggio matematico. Vi stupirete di come possa diventare un "cerchio" semplicemente cambiando la "distanza" utilizzata.
Tornando al discorso sull'infinito, in fondo, in un modello nel quale l'infinito diviene qualcosa non solo di tangibile, ma anche di computabile, non ci si può stupire di questo. Tutto, in pratica, diviene infinito, nel suo genere, o meglio, diviene forma astratta, o addirittura senza forma, dove le forme sono quelle che la mente stessa può dare. E che possono trovare manifestazione nelle forme tangibili delle cose, ma anche non trovarla. Il fatto che non la trovino non le rende meno presenti. La rappresentazione diretta, quindi, non assume più un'importanza fondamentale. La formalizzazione astratta può presentare, qui, molti modelli di realtà possibili, che potranno poi prendere forma. Ma il fatto che la prendano potrebbe risultare del tutto irrilevante.
In fondo, questo processo di astrazione, basato sul dare delle definizioni generali, è quel processo che dovrebbe essere applicato in tutte le cose, dove, di fatto, quelle che sono per noi usuali sono soltanto "casi particolari" di quelle che andiamo a definire in astratto. E, sovente, i problemi nascono proprio dal definire un modello come "l'unico possibile", invece che cercarne le caratteristiche generali, creandone di nuovi, e vedendo quindi quel modello solo come "caso particolare" di altri possibili, e costruibili, modelli.
Zenone, con il suo "Paradosso" ci aveva portato verso un mondo statico, immutabile. Il punto di vista dell'infinito, di fatto, ma anche la logica

ricorsiva.
Comunque, se, anche con un processo matematico, passiamo alle "relazioni di equivalenza", di fatto fermiamo il tempo. Così facendo, mettiamo in relazione tutti gli oggetti "simili" tra di loro.
Mediante una relazione di equivalenza, infatti, non abbiamo più un solo elemento, ma identifichiamo quelli tra di loro aventi delle caratteristiche simili, in maniera tale che questa proprietà sia "transitiva", vale a dire che, se a è in relazione con b e b è in relazione con c, allora a è in relazione con c. relazioni come il parallelismo sono relazioni di equivalenza, ad esempio, ma anche tutte le relazioni che legano oggetti simili, quali il colore dei capelli, la nazionalità, la provenienza, e simili. Per chi fosse interessato ad una trattazione matematica, la potrà trovare alla Sezione 6 della Seconda Parte, a pag. 25.
Mettere in relazione significa superare spazio e tempo. Mettere in relazione può essere anche pericoloso, come processo mentale, ma tuttavia ha un notevole fascino. Infatti, possiamo identificare oggetti simili come se fossero un solo oggetto.
Il rischio di questo processo mentale identificativo è nel fatto che, dove le cose vengono identificate, si perdono i particolari, e si percepisce tutto come molto uniforme. Le identificazioni, ad esempio, portano a considerare "gli italiani", "i francesi" o altro ancora come un tutt'uno, senza comprendere che tra le varie persone esistono differenze. Se, in campo scientifico, in particolare matematico, generalizzare, astrarre, può essere fantastico, nel capo esistenziale può diventare, come si suol dire in maniera diretta "fare di ogni erba un fascio", senza rendersi conto che ci sono erbe di vario tipo, che vanno distinte da altre, per la loro particolarità, e che considerare tutte le erbe uguali non porta alcun tipo di vantaggio.
Tuttavia, nell'ottica dell'infinito, tutto è fermo, e tutto coincide, quindi, vi sono solo le essenze di tutto, che, forse si raggruppano anche in quella che possiamo definire "essenza suprema", l'essenza delle essenze, che contiene il tutto, l'essenza universale, forse l'essenza divina. Forse Dio è proprio l'essenza suprema, quell'essenza sopra tutte le altre.
Ma ora, per concludere, si può tornare proprio a Zenone, al suo paradosso della freccia e dell'albero. Con cui, di fatto, si conclude che tutto è immutabile, e che nulla, in realtà si muove.
Alain Aspect, fisico francese, nel 1982 elaborò una teoria detta dell'"Universo Illusione". Questa teoria, molto particolare, afferma che, di fatto, tutto quello che percepiamo sono forme e frequenze, che la mente

codifica in suoni ed immagini.
Aspect faceva un esempio: immaginiamo che due telecamere riprendano lo stesso pesce in un acquario. Noi pensiamo che si tratti di pesci differenti, a distanze differenti, ma in realtà sono lo stesso pesce, e non c'è separazione. Insomma: quello che vediamo della realtà sono le cose che le telecamere riprendono: ma le telecamere riprendono le stesse cose, e le distanze non esistono. Un osservatore, che osserva le de telecamere, le vedrà ad una certa distanza, come se riprendessero due pesci differenti. Ma quello è sempre lo stesso pesce.
Io facevo un esempio, riferito ai televisori a tubo catodico, che facevano mostra di sé nelle case sino a qualche anno fa, e in alcuni casi, anche ora. Supponiamo che una persona di 100 anni addietro avesse visto quelle immagini che si agitavano sullo schermo: avrebbe pensato che, nel televisore, ci fosse qualcuno. Invece nel televisore non c'era nessuno, e tutto quello che c'era erano onde e frequenze, che il televisore codificava in suoni e immagini.
Per la realtà appare lo stesso: tutto quello che vediamo sono onde e frequenze, che la mente codifica in suoni e immagini.
In fondo, la fisica moderna non è molto distante da questa visione: con il concetto di "Entanglement", elaborato da Einstein, Rosen e Podolsky nel 1935, e confermato sperimentalmente poi da David Bohm nel 1951, e ancora di più da Alain Aspect nel 1981 (non è un caso che lo stesso Aspect sia colui che ha elaborato la teoria dell'Universo Illusione!), la distanza non esiste, e due particelle, messe in contatto, si scambiano informazioni da qualsiasi parte dell'universo in tempo reale.
Il fisico Vittorio Marchi deduceva da questo che la separazione non esiste, e che tutto è in realtà uno.
Il modello proposto da Aspect, che, come visto, non a caso aveva dimostrato sperimentalmente, e direi in modo definito, l'entanglement, indica una cosa molto interessante: che verosimilmente la realtà che noi osserviamo non è la realtà stessa, ma, in termini che ricordano l'informatica, un "puntatore" ad altro. Quindi, quello che osserviamo, è un qualche cosa che punta a qualcosa di differente. Noi osserviamo, quindi, una sorta di "immagine" che indica un'altra immagine. In pratica, se quello che osserviamo è solo un riflesso della realtà, la realtà è altra, ed è davvero qualcosa di immutabile ed assoluto. Quello che noi osserviamo, quindi, potrebbe essere l'assoluto stesso, a cui la nostra percezione di particolari forme. Nel caso dell'esempio del pesce, noi osserviamo la telecamera che

riprende il pesce, ma il pesce è altro dalla telecamera. L'esempio forse che potrebbe chiarire maggiormente la questione è quello del "dito che punta alla luna". Noi crediamo che la realtà sia il dito, me tre è la luna. Ma, non percependo la luna, continuiamo a credere che il dito sia la realtà.
Vivendo, quindi, in un'illusione. Che però cela la vera realtà, almeno come puntamento.
E qui ritroviamo anche Platone, per il quale, in fondo, nel suo "Mito della Caverna", la percezione vera era quella degli enti matematici. Noi, quindi, percepiamo puri enti matematici, che la mente codifica in altro. Ma quello che percepiamo è solo un'interfaccia di una percezione assoluta, che è la vera realtà. In questa percezione assoluta non esiste separazione, e tutto diviene uno.
E con questo, di fatto, si torna all'inizio del nostro discorso: in fondo, forse, noi siamo davvero nell'ottica dell'infinito, dove tutto è immutabile. La nostra "vera" realtà è quella dell'infinito, dove tutto è immutabile dove tutto non ha forma, ma essenza.
Poi, il tutto si proietta nella realtà formale, e prende forma, prende movimento, diviene forma.
Ma, come dicevo, non è un infinito che rallenta, ma semplicemente un infinito che entra nel finito, e prende forma.
Quindi, noi siamo infinito veniamo dall'infinito e andiamo verso l'infinito. La realtà finita che percepiamo è solo un riflesso del nostro essere infiniti. Forse, abbiamo scoperto il Calcolo Infinitesimale perché era già dentro di noi, la nostra vera "Prospettiva sul Reale", quindi, è l'Infinito stesso, e solo quello. Tutto ciò che "scende" nel finito è solo forma. Ma noi siamo esseri che puntano all'essenza. Forse la "luna" è l'infinito, e il "dito", la sua forma tangibile, è il finito. Che è però solo un riflesso dell'infinito.
E, quindi, tutto quanto percepiamo è solo scoperta. Un scoperta di quello che veramente siamo, un riflesso della vera esistenza che stiamo vivendo in questo momento. Verso un cammino che non è di ricerca esterna, ma di scoperta. Un cammino che ci porterà a superare la separazione, e a capire chi davvero siamo, e che siamo il tutto, siamo l'assoluto. E l'assoluto è da sempre in noi.
In tal senso, tutte le nostre percezioni convergeranno a quell'unico elemento da cui tutto deriva, da cui tutto parte, come nelle proiezioni di cui parlavo all'inizio. Quel punto prospettico che tutto genera, e lì siamo davvero noi.

Parte Seconda

"Largo alla Matematica dentro di noi"

Sezioni e proposte matematiche

In questa sezione ci si dedicherà a quelle trattazioni più "matematiche" che non sono state inserite nel testo relativo all'estratto della mia conferenza. Si tratta di elementi introdotti nel testo precedente, che qui sono trattati in maniera più dettagliatamente matematica, utilizzando qualche strumento matematico in più, quali calcolo infinitesimale, serie, successioni, generalizzazioni matematiche di concetti noti.

La trattazione che seguirà, e che affronterà diversi temi, non sarà molto impegnativa, e gli elementi di matematica richiesti per poter procedere nella lettura non sono di livello particolarmente elevato. Tuttavia, coloro che ne sono del tutto sprovvisti potrebbero trovarsi davanti a simboli e definizioni di cui ignorano il significato.

Lo scopo di questa trattazione è anche quello di dare un'"oggettività" ad alcune tematiche, attraverso un linguaggio che sia tale da non dare luogo a discussioni se non quelle basate su dimostrazioni matematiche. Quando una trattazione è effettuata su basi matematiche, diviene in qualche modo non suscettibile a critiche basate su opinioni, ma solo su dimostrazioni matematiche.

Inoltre, in alcuni casi, mostrare come il matematizzare qualcosa ci permetta di avvicinarci tantissimo alla spiritualità ci permette di comprendere come, forse, la matematica è quella cosa che ci fa toccare quell'assoluto presente in noi. In fondo, un matematico diceva che noi non dobbiamo scoprire la matematica, perché Dio l'ha messa dentro di noi.

Non voglio qui parlare del problema di Dio, ma è bello pensare che questo strumento bellissimo che abbiamo, in qualche modo, elaborato, ci permette di modellizzare strutture che ci pongono in contatto con le percezioni più belle.

Come quella che seguirà subito, e che mostrerà come l'Idea che in un granello di sabbiaci sia tutto l'Universo non è solo una bella frase poetica e suggestiva, ma è qualcosa che, matematicamente, si può a tutti gli effetti provare, mostrando che "effettivamente" ogni punto di un granello di

sabbia ha una corrispondenza in un punto dell'universo. Questo, secondo me, è sublime, e dimostra la potenza del mezzo matematico.
Alcune trattazioni, quali quella del "cerchio vuoto di significato" saranno un po' più impegnative da un punto di vista matematico. In altre, come nel caso della trattazione del punto all'infinito, la difficoltà potrebbe sorgere dal tentativo di trattare la cosa in spazi ad n dimensioni, invece che a due o tre dimensioni. Il motivo è che mi piace lavorare in termini generali, come lo stesso strumento matematico richiede, e credo che lavorare in spazi a n dimensioni, superando quindi il livello figurativo, aiuti a sfruttare al meglio la capacità di generalizzare dello strumento matematico.
Se la trattazione a n dimensioni vi crea problemi, limitatevi agli spazi che riuscite a comprendere, quindi a trattazioni a due o a tre dimensioni. Il discorso che volevo far passare passerò ugualmente!
Naturalmente, se riuscirete a lavorare a più dimensioni, appezzerete al meglio la capacità e la potenzialità dello strumento matematico nell'affrontare le tematiche proposte.
A chi vorrà addentrarsi nelle pagine che seguiranno, auguro quindi buona lettura. Vedrete che lo strumento matematico sarà "illuminante" anche per voi, come lo è stato per me, nella comprensione di tematiche che, senza questo strumento, rimangono sul piano delle idee e delle opinioni, e che in questo modo potranno "passare" con decisione in quello più definito di una logica che, comunque, non si basa più su opinioni ma su dimostrazioni oggettive.
Vedrete che la lettura di queste pagine vi farà comprendere meglio tutto quanto avete letto in precedenza, e anche altre tematiche che sconfinano nella spiritualità. Il linguaggio oggettivo che vado a proporre vi aiuterà e vi sarà da guida nel capire meglio diverse cose e diverse tematiche.
Quindi, vi consiglio di provare a proseguire. Naturalmente se per voi lo strumento non è troppo problematico da affrontare. Vedrete che, se lo farete, non ve ne pentirete di sicuro, e la vostra prospettiva su molte cose cambierà!
Una piccola nota, prima di iniziare: ho intitolato questa seconda parte "Largo alla Matematica dentro di noi". Il motivo non è casuale. Infatti, la matematica è soprattutto espressione interiore. Grazie alla matematica, come visto poco fa, si entra in contatto con qualcosa che non riusciamo a comprendere, che esula dalle nostre percezioni, che non concepiamo. Ma lo scriviamo, lo modellizziamo.
Quindi, in un certo senso, la matematica non è qualcosa di esterno, ma

qualcosa che è dentro di noi. E' qualcosa che fa parte della nostra stessa essenza. Quello che può variare è il linguaggio, ma l'essenza matematica, la sua espressione oltre la formulazione stessa, è in noi.
Non a caso Platone diceva che, appena prima della comprensione ultima delle cose, la "Noesis", vi è la "Dianoia", la comprensione dialettica, fatta di enti matematici.
La Logica Matematica è logica presente in noi, è un modo per non contraddirsi, è chiarezza di pensiero. E', essenzialmente, un profondo moto di conoscenza. Quindi, è qualcosa che da dentro emerge, facendoci toccare quell'assoluto che in noi alberga da sempre. E che la matematica ci fa ritrovare, magari solo facendocelo intuire. Tuttavia è lì, e lo possiamo definire. E questa è meraviglia.
Buona lettura, quindi, per coloro che decideranno di proseguire! Seguite il flusso dimostrativo e descrittivo, e vedrete che non sarà difficile comprendere, e un nuovo mondo si aprirà davanti a voi!

Sezione 1: "Inscatoliamo" l'infinito

"Come in alto così in basso", diceva Ermete Trismegisto. In un granello di sabbia vi è l'intero universo. Questo enunciato appare come qualcosa di puramente filosofico. Invece, è una cosa dal ben preciso fondamento matematico e, per coloro che hanno un minimo di dimestichezza matematica, anche abbastanza semplice da dimostrare.

Per poter capire questo occorre, innanzitutto, riflettere sui due concetti di "illimitato" ed "infinito". Per molti sono sinonimi. Invece non lo sono. Se, infatti, appare piuttosto ovvio il fatto che una cosa illimitata sia anche infinita, il viceversa non è sempre vero. Nel senso che esistono cose che sono nello stesso tempo limitate e infinite. Esiste, quindi, un "infinito limitato".

Per coloro che fossero stupiti, e arricciassero il naso, poniamo subito un semplice esempio. Matematico, quindi oggettivo.

Consideriamo i numeri interi positivi: 1, 2, 3, 4, ...

Ed ora consideriamo l'insieme dei reciproci dei numeri interi positivi: 1, ½, 1/3, ¼ e così via.

Facciamo ora corrispondere ad ogni intero positivo il suo reciproco. L'applicazione sarà del tipo:

$$f(n) = \frac{1}{n}$$

L'applicazione è biunivoca, nel senso che ad ogni intero corrisponde un solo reciproco, e viceversa, qualsiasi reciproco di interi avrà un intero che lo rappresenta.

Quindi, l'insieme dei numeri interi e quello dei reciproci dei numeri interi saranno "fatti" allo stesso modo.

Tuttavia, l'insieme dei reciproci è limitato da 0 e da 1 ($0 < \frac{1}{n} \leq 1$). Quindi, abbiamo "mandato" l'insieme dei numeri interi, illimitato, in qualcosa che è "fatto" allo stesso modo, che davvero "contiene" tutti i numeri interi. Ma che, nello stesso tempo, è finito.

Quello che abbiamo fatto nel "discreto" può essere fatto anche nel "continuo". Si può, quindi, "mandare" tutta una retta, infinita, in un segmento piccolo a piacere. Che contenga davvero "tutti" i punti della retta.

Farlo è piuttosto semplice, e richiede solo qualche considerazione matematica.
Se consideriamo, quindi, una retta orientata, con un sistema di coordinate al suo interno (il più semplice possibile, che considera una coordinata ascissa), possiamo far corrispondere al punto x il punto

$f(x)=a\dfrac{x}{1+|x|}$ con a arbitrario e maggiore di 0.

La funzione $|x|$, per chi non ne fosse a conoscenza, associa ad ogni valore la sua parte positiva (quindi, ad esempio, il valore assoluto di -2 è 2).
Si verifica che la funzione indicata è sempre compresa tra -a ed a. Quindi, la retta viene "compressa" nel segmento (-a, a). Si verifica, similmente, che questa funzione è biunivoca, e che, quindi, ad ogni punto della retta corrisponde un punto su questo segmento, e viceversa, ogni punto del segmento avrà un'immagine sulla retta.
Quindi, la retta, infinita, sarà "fatta" come un segmento arbitrariamente piccolo. Nel quale potremo mettere tutti i punti di una retta.
Se estendiamo il discorso all'intero spazio, possiamo mandare il generico punto dello spazio
(x, y, z) in:

$(a\dfrac{x}{1+|x|}, a\dfrac{y}{1+|y|}, a\dfrac{z}{1+|z|})$

Abbiamo quindi "mandato", in maniera del tutto biunivoca, tutto lo spazio a tre dimensioni in un cubetto arbitrariamente piccolo, in modo tale che ogni singolo punto dello spazio abbia una sua rappresentazione in questo cubetto, e viceversa.

Se, poi, consideriamo la quantità:

$k=(x^2+y^2+z^2)^{1/2}$ (ricordiamo che l'elevamento a ½ equivale alla radice quadrata)

possiamo mandare il punto (x, y, z) dello spazio in:

$(r\dfrac{x}{k}, r\dfrac{y}{k}, r\dfrac{z}{k})$ con r > 0.

Abbiamo quindi mandato un punto dello spazio tridimensionale in una sfera arbitrariamente piccola (il suo raggio è r arbitrario).

Abbiamo, così, ottenuto quello che affermava Ermete Trismegisto: qui, "realmente" tutto l'Universo, in questo caso rappresentato da uno spazio a tre dimensioni, trova la sua corrispondenza in una sfera piccola a piacere. Quindi, in un "granello di sabbia", che è rappresentato proprio dalla sfera in questione.

Quindi, quello che veniva detto, in maniera suggestiva e filosofica, trova una sua corrispondenza in un preciso modello matematico. Che fa corrispondere ogni punto di un possibile Universo (possiamo anche aumentare, nel modello sopra descritto, il numero delle dimensioni, se vogliamo), un punto interno ad una piccola sfera. In modo che ogni singolo punto di questo universo abbia al suo interno una sua rappresentazione, e viceversa, ogni punto di questa sfera abbia un suo elemento nell'universo al quale corrisponde.

Possiamo quindi, con una ben precisa dimostrazione matematica a nostro suffragio, che una singola piccola sfera è "fatta" come tutto l'Universo, e che quindi l'Universo è "realmente" presente in essa.

Sezione 2: il punto all'infinito

Consideriamo quello di cui parlavo prima: cercare di arrivare all'infinito per passi successivi. Vale a dire, avvicinandosi sempre di più all'infinito, per cercare di capire come poi descriverlo.
Consideriamo quindi due rette parallele. Le possiamo considerare come una posizione limite di due rette incidenti. Tuttavia, una volta che queste rette sono parallele, non abbiamo possibilità di definire dove si potrebbero incontrare. Infatti, due rette parallele, secondo la Geometria Classica, non hanno punti d'intersezione.
Ma la Matematica, come dicevo, permette di descrivere quello che non può essere descritto in alcun modo, e che appare come inconcepibile. E di darne una formulazione.
Anche in questo caso, quindi, la matematica ci permette di rappresentare un punto all'infinito, e di darne una ben precisa descrizione quantificabile.
Per poter definire il punto in cui due rette parallele si incontrano, rendendo quindi "l'Infinito Finito", occorre passare a quelle che si definiscono "Coordinate Proiettive", aggiungendo quindi una coordinata.

Per farlo, consideriamo una retta nel piano, rappresentata mediante coordinate cartesiane. Ad esempio, nella forma $y = mx + q$, che molti di voi conoscono. Proprio questa sarà la forma che ci aiuterà a trovarne le coordinate all'infinito.
Passiamo quindi, da un sistema di coordinate cartesiane (x, y) ad uno detto di "coordinate proiettive", operiamo quindi la sostituzione:

$$x = \frac{x_1}{x_3} \text{ e } y = \frac{x_2}{x_3}$$

Siamo quindi passati da un sistema di coordinate (x, y) ad uno (x_1, x_2, x_3). Queste si chiamano appunto "Coordinate Proiettive".

Come si vede abbiamo aggiunto una coordinata, di fatto passando da un sistema a due ad uno a tre dimensioni (anche se la terza potrebbe apparire come fittizia e puramente strumentale).
Con questa aggiunta possiamo facilmente scrivere un "punto all'infinito". Per farlo basta ricordare quanto dicevo in precedenza, vale a dire che possiamo, in una frazione, ottenere l'infinito ponendo 0 al denominatore.

Quindi, se poniamo, in un generico punto in coordinate proiettive:

$x_3 = 0$

Il punto ottenuto, di coordinate:

$(x_1, x_2, 0)$

si dice "punto all'infinito".

Nel caso della retta, si possono eseguire i conti con due generiche rette parallele $y = mx + q$ e
$y = mx + q'$. Passando alle coordinate proiettive ed eseguendo i conti possiamo vedere che un generico punto di coordinate:

$(1, m, 0)$

rappresenta il punto in cui due rette parallele si incontrano.
Con questa notazione, abbiamo rappresentato un elemento infinito come qualcosa di finito, dando quindi un'"espressione" all'infinito. L'infinito, qui, diventa del tutto esprimibile.

Possiamo poi generalizzare ulteriormente. Anche nello spazio possiamo passare ad un sistema di coordinate proiettive, ponendo:

$$x = \frac{x_1}{x_4} \; ; \quad y = \frac{x_2}{x_4} \; ; \quad z = \frac{x_2}{x_4}$$

Con questa notazione, ponendo $x_4 = 0$, possiamo ottenere il punto:

$(x_1, x_2, x_3, 0)$

che rappresenta un punto all'infinito nello spazio a tre dimensioni. Una sorta di "punto all'infinito" che ci porta fuori dallo spazio tridimensionale stesso.

Possiamo anche generalizzare ulteriormente, in uno spazio a n dimensioni, ponendo, ad esempio:

$$x_1 = \frac{y_1}{y_{n+1}} \; ; \quad x_2 = \frac{y_2}{y_{n+1}} \; ; \; \ldots\ldots \quad x_n = \frac{y_n}{y_{n+1}}$$

(qui, per comodità, ho cambiato la nomenclatura, definendo gli x_i come y_i, ma il tutto rimane invariato).

In questo caso, ponendo $y_{n+1} = 0$, otteniamo il punto all'infinito:

$(y_1, y_2, \ldots\ldots, y_n, 0)$

che rappresenta appunto il punto all'infinito in uno spazio ad n dimensioni.

La Matematica, quindi, ci permette di rappresentare, come dicevo, anche i punti all'infinito.
E abbiamo visto che, aggiungendo una dimensione, l'infinito diviene rappresentabile, ed è addirittura possibile eseguirvi dei conti all'interno, dandone un'espressione definita.

Sezione 3: "Matematizzazione" del Paradosso di Zenone

Il Paradosso di Zenone, di cui parlavo prima, apre molte prospettive in termini di calcolo approssimativo.
Infatti, grazie a questo paradosso, possiamo avere uno strumento di approssimazione di elementi, descrivendoli come serie o successioni di infiniti elementi, che convergono però ad un elemento finito.
Il Paradosso di Zenone, della "metà della metà", di cui parlavo prima, si può matematizzare con la seguente serie:

$$\sum_{1}^{\infty} \left(\frac{1}{2}\right)^k$$

Questa serie si dice "serie geometrica di ragione ½" e converge, effettivamente a 1.
Quindi, questo ci dice che possiamo approssimare la distanza tra la freccia e l'albero con una somma infinita di elementi che, però, convergono ad un valore finito.
In termini matematici, come scrivevo anche nel testo, la tecnica di approssimare elementi finiti, magari non calcolabili, con una successione, o una somma, (che poi è la stessa cosa, di fatto!), di infiniti elementi che convergono a quell'elemento di partenza, è molto utilizzata.
Un'equazione di grado superiore a 3, ad esempio, non ha una formula risolvente vera e propria, e quindi, salvo in casi particolari, le soluzioni possono solo essere approssimate.
Nel caso del Paradosso di Zenone, l'avvicinamento all'albero può essere sempre più "approssimato" da questa somma di elementi, tuttavia senza mai raggiungere il valore 1, ma avvicinandosi a questo di quanto vogliamo. Al punto che, se fissiamo un numero piccolo a piacere, possiamo trovare un valore di k per cui la differenza da 1 sarà inferiore a questo valore.
Ma nello stesso tempo abbiamo anche il valore esatto, se calcolabile.

La matematica del "ricorsivo", dell'"approssimazione", ha assunto un'importanza davvero notevole con l'informatica, dove tutte le procedure sono ricorsive, e dove si fanno compiere alla macchina un certo numero di operazioni per un numero di volte fissato. In tal modo, l'errore che si compie rispetto ad un valore esatto da calcolare potrà essere approssimato

a piacere.
Potenza del calcolo matematico! Anche stavolta, non si arriva all'infinito, ma attraverso l'infinitesimo lo si tocca con mano, sempre più vicino!

Sezione 4: il "Paradosso del chicco di riso"

Questo paradosso, che poi così paradosso non è, fa capire come la mente non controlli determinate strutture, che in qualche modo sfuggono a sé stessa.
Tra questi ci sono gli esponenziali. Ne parlavo nel corso del testo precedente, facendo notare come un esponenziale fa perdere il controllo della crescita di qualcosa. Infatti, un esponenziale "parte" in modo non così elevato, magari con numeri piuttosto bassi, e poi si "impenna", come la curva che lo contraddistingue.

Una progressione geometrica è una successione di numeri in cui il successivo si ottiene moltiplicando il precedente per un numero fissato, detto "ragione" della progressione.
Formalizzando matematicamente, detto a_0 il primo termine della progressione, e k la sua ragione ogni termine si ottiene dal precedente nel seguente modo:

$a_{n+1} = k a_n$

Dandone un'espressione più generale, detto a_0 il primo termine della progressione, il generico termine n – esimo è dato da:

$a_n = k^n a_0$

A vederla così, non "spaventa" più di tanto. Ma basta mettersi a fare i conti per capire quanto questo "innocuo" termine possa salire in maniera vertiginosa.
Innanzitutto, si può dimostrare che, per k che vale almeno 2, l'ultimo termine di questa progressione è maggiore della somma di tutti i precedenti. E questo già ci dice che queste progressioni salgono rapidamente: l'ultimo termine è maggiore della somma di tutti gli altri sinora ottenuti, ualsiasi sia il punto a cui siamo arrivati nella progressione!

Per capire quanto queste progressioni salgano rapidamente, consideriamo un noto paradosso, detto "del chicco di riso":

Un sovrano dell'antichità chiamò il suo ciambellano, e gli disse:

"Per i servigi resimi, puoi chiedermi quello che vuoi. Nel limite delle mie possibilità, cercherà di esaudirlo".
Il ciambellano disse: "Ma io mi accontento di poco!".
E, presa una scacchiera, disse: "Quello che voglio è un chicco di riso per la prima casella, due per la seconda, quattro per la terza, otto per la quarta e così via. Ad ogni casella, il numero di chicchi di riso dovrà essermi raddoppiato. Così per tutta la scacchiera".
Il sovrano sorrise, e disse: "Tutto qui? Ti accontento subito!".
Anche il sovrano era caduto nell'illusione mentale delle progressioni geometriche. Infatti, all'inizio, questa progressione, che ha ragione 2, non sembra salire così rapidamente!
Infatti, i suoi primi valori sono:

1, 2, 4, 8, 16, 32, 64, 128, 256, 512....

Qui però cominciamo a salire. E ad ogni passo si raddoppia il valore, rendendolo già maggiore della somma di tutti i precedenti. Ancora, però non possiamo intuire che il valore crescerà così tanto.
Quando l'avevo mostrato ad alcuni amici mi avevano detto: "Dovrà dargli qualche camion di riso!"
Qualche camion? Forse ancora non è chiaro quanto salga questa progressione!

Posso dire che, dopo 26 caselle, siamo a $2^{25} = 33.554.432$.
Cominciamo a farci un'idea di quanto sale questa progressione? Ma, in fondo, non siamo ancora a metà della scacchiera! E ad ogni ulteriore passo, il numero dei chicchi di riso raddoppia!
Alla fine, a quanto arriveremo?

E' presto detto? Il valore sarà dato dalla serie geometrica:

$$\sum_{0}^{63} 2^k$$

il cui valore è: $2^{64} - 1$.

Quanto vale questo numero?
Il valore di 2^{64} è:

$1,84 \times 10^{19}$.

Vale a dire, 18,4 miliardi di miliardi di chicchi di riso.
A questo punto, dubito che non solo il mondo allora conosciuto, ma anche quello attualmente conosciuto, possa produrre tutto il riso richiesto.
E si è partiti da 1, raddoppiando ogni volta il valore precedente!

Le progressioni geometriche, per questo motivo, dovuto al partire da valori bassi, salendo poi molto velocemente, sono poco controllabili dalla mente, che cerca di "contenerle" in progressioni aritmetiche.
Questo permette, comunque, di creare illusioni come le Catene di S. Antonio o il Marketing Multilevel, strutture basate appunto su queste progressioni, che per questo motivo sono false, ma appaiono verosimili.

Sezione 5: Un cerchio "Vuoto di significato"

Come dicevo nel testo, nelle cosiddette "Assiomatiche Moderne" i concetti primitivi sono vuoti di significato. Questo non vuol dire che non abbiano senso, ma vuole dire che non hanno in sé significato, che non hanno un significato intrinseco, direttamente collegato alla loro struttura.
Ma qualsiasi modello verifichi quella struttura diviene automaticamente un modello di quella struttura stessa.
Con questo voglio affermare che dire "vuoti" vuole dire "che non identificano nulla a priori". Voglio dire che sono solo simboli, segni, elementi che non hanno un significato in quanto tali, ma solo come simbologia.
L'esempio del cerchio è, secondo me, molto pregnante per descrivere queste strutture.
Quando noi parliamo di cerchio, parliamo di qualcosa che, nella geometria che noi conosciamo, ha una ben precisa forma, una ben precisa struttura. Una persona, quando parliamo di "cerchio", può pensare ad un cerchio più grande, un altro ad uno più piccolo. Ma il cerchio è un cerchio per tutti.
Con le cosiddette Assiomatiche Moderne cambia tutto. Il Cerchio non è più quello che si disegna, e che tutti intuiscono, ma è solo "Il luogo dei punti equidistanti da un centro".
Sin qui ci siamo. Non appare nulla di strano. Solo una definizione di quello che intuiamo.
La differenza comincia a nascere quando cerchiamo di capire "Cosa è questa distanza".
Ancora, alcuni potrebbero dire: "Ma è ovvio, la distanza è quella che misuriamo con il metro".
Nelle Assiomatiche Moderne non è così. La distanza è qualcosa di molto più astratto. È una pura definizione.
Cosa è quindi la distanza, per le assiomatiche moderne?
Si dice "distanza" (o "metrica") una funzione (applicazione) che associa, a due elementi di un insieme X, un numero reale. Una funzione che chiamiamo d che ha le seguenti proprietà:

1 - $d(x,y) \geq 0$ e $d(x,y)=0 \leftrightarrow x = y$

2 - $d(x,y)=d(y,x)$

3 - $d(x, z) \leq d(x, y) + d(y, z)$ per ogni $x, y, z \in X$

L'ultima relazione si chiama "diseguaglianza triangolare". Il nome non è casuale: infatti, è facile verificare che, se x, y, z sono punti del piano (o dello spazio, eventualmente, o anche di uno spazio ad n dimensioni), la diseguaglianza scritta sopra equivale ad affermare che in un triangolo un lato è minore della somma degli altri due. L'uguaglianza si verifica solo se i tre punti sono allineati.

Questo ci fa capire che la definizione di distanza che abbiamo scritto sopra generalizza quella che misuriamo con il metro. E che, quindi, quella ne diventa un caso particolare. Infatti, si chiama "Metrica Euclidea". Si ottiene considerando come x, e y dei punti nel piano cartesiano (o anche nello spazio, o al limite in uno spazio R^n. Ma rimaniamo per comodità nel piano).
La cosiddetta "Metrica Euclidea" che, altro non è che la distanza che misuriamo con il metro, è data da, se $x = (x_1, x_2)$ e $y = (y_1, y_2)$:

$d(x, y) = ((y_2 - y_1)^2 + (x_2 - x_1)^2)^{1/2}$. (Ricordo, ovviamente, che l'elevamento ad ½ equivale alla radice quadrata).
A n dimensioni questa formula diviene, dati $x = (x_1.........x_n)$ e $y = (y_1.........y_n)$:

$$d(x, y) = (\sum_{1}^{n} (y_i - x_i)^2)^{1/2}$$

Si tratta quindi, ancora, della metrica che noi conosciamo.

Ma questo è solo un caso particolare di molte metriche possibili. Qualsiasi struttura verifiche le definizioni date sopra è una metrica.
Ad esempio, potremmo considerare come metrica la metrica L^k data da:

$$d(x, y) = (\sum_{1}^{n} (y_i - x_i)^k)^{1/k}$$

che a due dimensioni diviene:

$d(x, y) = ((y_2 - y_1)^k + (x_2 - x_1)^k)^{1/k}$

Vediamo che anche questa è una generalizzazione della metrica euclidea, che con queste notazioni diviene una metrica L^2.

Interessante è il caso per k = 1.
In questo caso la metrica diviene:

$$d(x,y)=\sum_{1}^{n}|y_i-x_i|$$

che a due dimensioni diviene:

$$d(x,y)=|y_1-x_1|+|y_2-x_2|$$

Si può verificare che, con questa metrica, il "cerchio" diviene un quadrato ruotato di 45°.

Interessante appare anche la metrica L^∞.
Questa metrica è definita come:

$$d(x,y)=\max_{i}(|y_i-x_1|)$$

che a due dimensioni diviene:

$$d(x,y)=\max(|y_1-x_1|,|y_2-x_2|)$$

Con questa metrica, si può dimostrare che il "cerchio" diviene un quadrato come noi lo conosciamo. E non si tratta di "quadratura del cerchio", ma di qualcosa di completamente differente. Si tratta di une metrica che, cambiando definizione di distanza, cambia completamente forma. Pur rimanendo un "cerchio". Un cerchio, però, dove conta solo la definizione, e dove i modelli possono essere tanti.

Infine, concludiamo con quella che potrebbe essere la metrica degli insiemi non continui. Infatti si chiama "Metrica Discreta".
Una metrica molto particolare: tutti i punti sono equidistanti se sono distinti, e la loro distanza è nulla se coincidono.
Matematicamente possiamo quindi dire che, dati due punti x e y:

d (x, y) = r se x ≠ y
d (x, y) = 0 se x = y

Con questa distanza, un cerchio di raggio r è tutto il piano, o, più in generale tutto lo spazio in cui abbiamo definito la metrica.
E anche questo è un cerchio. Un cerchio, però "Vuoto di Significato". Ma sempre di "cerchio" si tratta, anche se non ha sicuramente la forma che ci aspetteremmo di trovare!

Possiamo concludere questa trattazione sui concetti "Vuoti di Significato" citando una frase che potrebbe riassumere molto bene le assiomatiche moderne, ed il significato di "Concetti vuoti di Significato".

Consideriamo la frase: "I Pirotti carulizzano elaticamente".

La frase è sicuramente corretta. Il problema è che.... non ha significato. Ma rappresenta molto bene cosa sono le assiomatiche moderne.
Infatti, qualsiasi parola soddisfi questo schema rappresenta un modello della frase. I pirotti potrebbero essere i bambini, e la frase diventare quindi:

"I bambini giocano allegramente".

Oppure i muratori, e la frase diventa:

"I muratori lavorano alacremente".

Ma non potremmo avere la frase:

"I Massaie lavora bene", perché scorretta.

Quindi "I Pirotti carulizzano elaticamente" è un schema logico, dove qualsiasi parola soddisfi questo schema diventa un modello di questa frase. La frase, quindi, è "vuota di significato", ma può essere riempita con tutto quello che vogliamo: basta soddisfare lo schema logico dato dalla frase stessa.

Le assiomatiche moderne sono così: puri schemi logici - sintattici.
Qualsiasi cosa verifichi quello schema è un modello di quella struttura. Diviene quindi un qualcosa di "vuoto" che si può riempire con moltissime cose. Vuoto di un significato intrinseco ma pieno di moltissime possibilità.

In questo, le assiomatiche moderne aprono davvero molte prospettive, anche di pensiero.

Sezione 6: "Mettiamo in Relazione"

Mettere in relazione è una delle operazioni mentali più comuni dell'Uomo. La generalizzazione che compiamo quando classifichiamo, cataloghiamo, raggruppiamo, è già mettere in relazione. Quando identifichiamo delle caratteristiche comuni a più elementi, insomma, stiamo mettendo in relazione.
E in qualche modo stiamo dividendo quegli elementi in gruppi, aventi delle caratteristiche comuni, come se tutti gli elementi del Gruppo considerato fossero visti come un solo elemento.
Alcuni esempi sono stato fatti nel testo: le nazioni, ad esempio, la provenienza, il sesso, l'altezza e così via.
Mettere in relazione, identificando delle caratteristiche comuni, è spesso fondamentale. Se, infatti, è vero che generalizzare sempre e comunque non è bello, è similmente vero che classificare è fondamentale per la ricerca scientifica e anche umana, perché permette di disporre di classi di elementi simili, da studiare in maniera compatta.

Matematicamente, le relazioni hanno delle strutture particolari, Che non si discostano molto da quelle della logica comune. Nel senso che le persone considerano come "equivalente", più o meno, quello che la matematica considera come tale, con poche variazioni, che comunque esamineremo più in dettaglio.
Definiamo ora cosa la Matematica intende con "Relazione di Equivalenza", forse la relazione più importante.
Dato un insieme A, stabiliamo una relazione tra i suoi elementi. Questa può essere vista come un sottoinsieme di tutte le coppie di elementi di questo insieme A (ricordo che le coppie di elementi di un insieme A formano l'insieme A^2).
Oltre che dare una relazione in questo modo, forse non molto comprensibile, è meglio dare questa relazione con un "criterio" che la determina.
Diremo quindi che due elementi a e b appartenenti all'insieme A assegnato sono in relazione, indicando aRb, se verificano una certa proprietà assegnata.
Ad esempio, se l'insieme A è l'insieme delle persone del Pianeta Terra, possiamo definire

aRb se e solo se a e b hanno la stessa nazionalità.
Oppure se a e b hanno lo stesso colore di capelli.
Oppure se hanno lo stesso colore di occhi
Oppure se abitano nella stessa città, nella stessa via, nello stesso palazzo
e così via.

Abbiamo quindi visto che le relazioni definiscono elementi che hanno delle proprietà comuni.
Per poter decidere di raggruppare questi elementi in "classi", occorre però che queste relazioni abbiano delle particolari proprietà. In casi e tipi particolari di relazioni, davvero potremo raggruppare gli elementi in strutture e raggruppamenti.

Definiamo ora più in dettaglio la Relazione di Equivalenza, di cui parlavo poco fa: una relazione molto importante, forse la più importante, non solo per la matematica:

Dato un insieme A, ed una relazione R su A, diciamo che R è "di equivalenza" se soddisfa le seguenti proprietà:

Riflessiva: $aRa \,\forall a \in A$
Simmetrica: $aRb \rightarrow bRa \,\forall a, b \in A$
Transitiva: $aRb \,e\, bRc \rightarrow aRc \,\forall a, b, c \in A$

Di tutte queste proprietà, la più importante è forse la Transitiva, che credo sia quella che "davvero" caratterizza queste relazioni. La Proprietà Transitiva implica che la relazione debba presentare anche una "concatenazione". Dove questa non è presente, non è possibile stabilire un'equivalenza tra elementi. Vedremo che anche le Relazioni d'Ordine, di cui parleremo tra poco, sono transitive. La proprietà transitiva permette, insomma, di porre in relazione elementi, ed in mancanza di questa la relazione è difficile da porre.
Dato un elemento a, tutti gli elementi in relazione ad a mediante la relazione di equivalenza R formano quella che si definisce la "classe di equivalenza di a", che si indica con [a].
L'elemento [a], quindi, identifica diversi elementi, ma, ciononostante, viene visto come un elemento unico.
Si dimostra facilmente che le classi di equivalenza sono tutte disgiunte.

Infatti, se due classi di equivalenza hanno anche un solo elemento in comune, coincidono.

Le relazioni definite prima di nazionalità, abitazione in una certa zona, in un certo quartiere, colore di occhi e così via sono tutte relazioni di equivalenza. Che quindi definiscono "classi di equivalenza", che saranno le persone che hanno lo stesso colore di occhi, i condomini, gli abitanti di un quartiere, gli Italiani piuttosto che gli Inglesi o in Francesi, e così via.

In termini matematici, l'insieme delle classi di equivalenza rispetto a una relazione R si definisce "Insieme Quoziente", e si indica come A/R.
Il "passaggio al quoziente", come accennavo in precedenza, è molto utilizzato, anche inconsciamente, nella vita di tutti i giorni. Ogni volta, quindi, che raggruppiamo qualcosa, anche in casa (dividendo, ad esempio, le tipologie di scarpe, di cibo e così via), passiamo al quoziente.

Attenzione però che questa possibilità è data solo se si considerano relazioni di equivalenza!
Ad esempio consideriamo come insieme A un insieme di persone, e in A definiamo la seguente relazione:

"aRb se e solo se a e b abitano nel raggio di 10 km".

Questa non è relazione di equivalenza. Infatti, non vale la proprietà transitiva: b può abitare a 8 km da a, c ad altri 8 da b, prolungando la distanza da a a b. Otteniamo così che a e c abitano a 16 km di distanza, che è maggiore dei 10 richiesti dalla relazione.
Questo ci dice che non possiamo mettere in relazione le persone che abitano entro un certo raggio, proprio perché non c'è un "centro" fissato. Mentre possiamo mettere in relazione le persone che abitano in un certo quartiere, o in un certo isolato, o in un appartamento fissato. E questo ci fornisce varie suddivisioni possibili in classi.
Tutto il nostro pensiero raggruppa in classi di questo tipo: sono classi gli oggetti che hanno, ad esempio, lo stesso colore, la stessa forma, che sono fatti dello stesso tessuto e così via. Per cui possiamo parlare di "maglioni di lana, di cotone, di felpa", oppure di "camicie di seta" e così via.
Anche le classificazioni in natura, ad esempio in specie, genere, famiglia e così via, sono divisioni in classi di equivalenza.

In termini matematici le relazioni sono molte. Il parallelismo, ad esempio, è una relazione di equivalenza: quindi possiamo definire le classi di rette parallele. Non lo è, invece, la perpendicolarità, Anche qui, infatti, non vale la proprietà transitiva: se la retta a è perpendicolare a b, e b è perpendicolare a c, avremo che a e c saranno parallele, e non perpendicolari. Quindi, non potremo avere la classe delle rette perpendicolari tra di loro.

Come sempre, la Matematica di insegna l'oggettività. Si possono fare molte cose con le relazioni e le classi di equivalenza, ma occorre che la relazione sia "davvero" di equivalenza. Altrimenti, non si potranno ottenere classi. Ottenere classi con relazioni non di equivalenza genera qualcosa che non è definito. Di fatto, genera illusione. Un'altra possibile illusione della mente.
Invece, strutture come le traslazioni, le rotazioni, i movimenti rigidi e così via sono relazioni di equivalenza.

Nelle elaborazioni matematiche è interessante, tra vettori, la relazione di "equipollenza". Questa identifica tutti i vettori che abbiano stesso modulo, direzione e verso, anche se diverso punto di applicazione. In tal modo, possiamo associare a dei vettori un riferimento cartesiano, trasportando i vettori nell'origine degli assi, ed associando a ciascuno di essi delle coordinate cartesiane. Mettendo quindi in relazione uno spazio vettoriale con un riferimento cartesiano.
Una possibilità di questo tipo, verosimilmente, ha permesso di aprire la strada ad un'ulteriore generalizzazione degli Spazi Vettoriali, permettendo di definire così, come "vettori", elementi che non hanno nessuna rappresentazione come la possiamo immaginare. In questo caso capita quello che accade nel "Cerchio Vuoto", di cui parlavo nella Sezione 5 (pag. 22).

Un'altra relazione fondamentale, che ci permette di mettere in relazione elementi, è la "Relazione d'Ordine".
Con questa relazione non costruiremo strutture di elementi equivalenti, ma potremo comparare elementi di vario tipo. Potremo, grazie a questa relazione, ordinare elementi, almeno in parte.
Anche in questo caso, però, occorrerà che tutte le proprietà di questa relazione siano verificate, almeno per alcuni elementi (qui non è richiesto,

come vedremo, che siano verificate per tutti gli elementi di un insieme, ma solo per alcuni di essi).

Consideriamo quindi un insieme A, e definiamo al suo interno una relazione, che stavolta denomineremo con $\leq$.
Data quindi la Relazione $\leq$, diremo che questa è una "Relazione d'Ordine" se soddisfa le seguenti proprietà:

Riflessiva: $\quad a \leq a \,\forall a \in A$
Antisimmetrica: $\quad a \leq b \, e \, b \leq a \rightarrow a = b \,\forall a, b \in A$
Transitiva: $\quad a \leq b \, e \, b \leq b \rightarrow a \leq c \,\forall a, b, c \in A$

La proprietà transitiva è la stessa che nelle relazioni di equivalenza, e dice che gli elementi devono essere ordinabili in maniera sequenziale.
Quello che cambia è invece la Proprietà Antisimmetrica, che sostituisce quella Simmetrica, e che afferma esattamente il suo contrario: non si verifica mai la simmetria, se non per elementi coincidenti.

A differenza della relazione di equivalenza, tuttavia, qui non è detto che tutti gli elementi di un insieme siano confrontabili. Ad esempio, se consideriamo la relazione di contenuto o coincidente tra insiemi ($A \subseteq B$), si verifica che questa è una relazione d'ordine, ma non tutti gli insiemi sono confrontabili, nel senso che ci sono insiemi che non sono contenuti uno nell'altro.
Nel primo caso la relazione si dice "Di Ordine Totale", mentre nel secondo "Di Ordine Parziale".

Se alla proprietà riflessiva si sostituisce la seguente proprietà:

Antiriflessiva: $\quad$ a<a per nessun $a \in A$

La relazione si definisce "di Ordine Stretto".
Anche la relazione di "Contenuto Stretto" tra insiemi ($A \subset B$) è una relazione di Ordine Stretto.

Le relazioni di ordine sono largamente impiegate nella nostra quotidianità. Ad esempio, quando dobbiamo confrontare elementi, comparare tempi, situazioni, grandezze e così via. Il comparare è spesso un'operazione fondamentale nella nostra vita. La proprietà transitiva di queste relazioni ci permette di "ordinare" i risultati in maniera consecutiva. In mancanza di questa proprietà, questo non sarebbe possibile, e verrebbero creati problemi.

Proprio per questo fatto, occorre mettere in ordine strutture in maniera coerente, altrimenti, ancora una volta, si creano illusioni.

www.ingramcontent.com/pod-product-compliance
Lightning Source LLC
Chambersburg PA
CBHW072302170526
45158CB00003BA/1160